科学成果展台

李 奎 编著　丛书主编 周丽霞

科学：日新月异的推手

汕头大学出版社

图书在版编目（CIP）数据

科学：日新月异的推手 / 李奎编著. -- 汕头 ：汕
头大学出版社，2015.3（2020.1重印）
　　（学科学魅力大探索 / 周丽霞主编）
　　ISBN 978-7-5658-1690-1

　　Ⅰ．①科… Ⅱ．①李… Ⅲ．①科学研究－青少年读物
Ⅳ．①G3-49

中国版本图书馆CIP数据核字(2015)第027451号

科学：日新月异的推手　　　　KEXUE: RIXINYUEYI DE TUISHOU

编　　著：李　奎
丛书主编：周丽霞
责任编辑：胡开祥
封面设计：大华文苑
责任技编：黄东生
出版发行：汕头大学出版社
　　　　　广东省汕头市大学路243号汕头大学校园内　邮政编码：515063
电　　话：0754-82904613
印　　刷：三河市燕春印务有限公司
开　　本：700mm×1000mm 1/16
印　　张：7
字　　数：50千字
版　　次：2015年3月第1版
印　　次：2020年1月第2次印刷
定　　价：29.80元
ISBN 978-7-5658-1690-1

前言

　　科学是人类进步的第一推动力，而科学知识的学习则是实现这一推动的必由之路。在新的时代，社会的进步、科技的发展、人们生活水平的不断提高，为我们青少年的科学素质培养提供了新的契机。抓住这个契机，大力推广科学知识，传播科学精神，提高青少年的科学水平，是我们全社会的重要课题。

　　科学教育与学习，能够让广大青少年树立这样一个牢固的信念：科学总是在寻求、发现和了解世界的新现象，研究和掌握新规律，它是创造性的，它又是在不懈地追求真理，需要我们不断地努力探索。在未知的及已知的领域重新发现，才能创造崭新的天地，才能不断推进人类文明向前发展，才能从必然王国走向自由王国。

　　但是，我们生存世界的奥秘，几乎是无穷无尽，从太空到地球，从宇宙到海洋，真是无奇不有，怪事迭起，奥妙无穷，神秘莫测，许许多多的难解之谜简直不可思议，使我们对自己的生命现象和生存环境捉摸不透。破解这些谜团，有助于我们人类社会向更高层次不断迈进。

其实，宇宙世界的丰富多彩与无限魅力就在于那许许多多的难解之谜，使我们不得不密切关注和发出疑问。我们总是不断去认识它、探索它。虽然今天科学技术的发展日新月异，达到了很高程度，但对于那些奥秘还是难以圆满解答。尽管经过许许多多科学先驱不断奋斗，一个个奥秘不断解开，并推进了科学技术大发展，但随之又发现了许多新的奥秘，又不得不向新的问题发起挑战。

宇宙世界是无限的，科学探索也是无限的，我们只有不断拓展更加广阔的生存空间，破解更多奥秘现象，才能使之造福于我们人类，人类社会才能不断获得发展。

为了普及科学知识，激励广大青少年认识和探索宇宙世界的无穷奥妙，根据最新研究成果，特别编辑了这套《学科学魅力大探索》，主要包括真相研究、破译密码、科学成果、科技历史、地理发现等内容，具有很强系统性、科学性、可读性和新奇性。

本套作品知识全面、内容精炼、图文并茂，形象生动，能够培养我们的科学兴趣和爱好，达到普及科学知识的目的，具有很强的可读性、启发性和知识性，是我们广大青少年读者了解科技、增长知识、开阔视野、提高素质、激发探索和启迪智慧的良好科普读物。

目 录

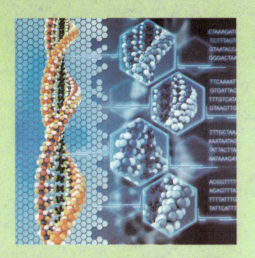

新型汽车

燃料电池汽车

是用燃料电池代替蓄电池产生电能，从而供电给车上的电动机，使其运转。燃料电池必须从电池外部源源不断地向电池提供天然气、甲烷、煤气等含氢化合物作为燃料。

燃料电池汽车主要以氢作为燃料，氢在汽车搭载的燃料电池中与大气中的氧发生化学反应，产生电能，来发动电动机，从而驱动汽车。

会飞的汽车

车身和一般汽车相似，但是车门的部分多了两个可折叠的翅膀。在陆地上行驶的时候，翅膀折叠起来；如果想飞行的话，翅

膀就会张开。汽车如同变形金刚一样，可在很短的时间内变成一架小型飞机。会飞的汽车在陆地上行驶，最高时速能达到150千米左右，飞行时速接近200千米；每加满一次油，最多可飞行800千米。

超音速火箭汽车

通常，只有飞机或火箭的速度才能达到或超过音速。但是现今科学家成功研制了一种火箭汽车，这是世界上第一辆超音速汽车。这辆汽车呈上宽下窄的管筒形，车体长11.95米，可以折射超声冲击波，车上装有可使车体保持平衡的2.74米高的垂直尾翼，驾驶舱在尾翼下方。汽车点火开动后，速度瞬间可超过音速，目前，地面最高行驶速度为每小时1227公里。

风力汽车

在汽车的底盘上装有一套专业化部件——风圆锥，汽车在向前行驶时，气流沿着进风管冲入风圆锥，然后通过内置式发电机将风能转化为电能，传送到前轮的两个马达上，从而驱动汽车前进。

延 伸 阅 读

新型汽车燃料：主要包括新型燃料燃气(天然气、液化石油气)、醇醚类燃料(乙醇、二甲醚等)、合成油、生物柴油、氢能，以及尚在开发中的风能、电能、太阳能等。

新型火车

单轨火车

是由铝合金制成的单轨铁路火车。单轨铁路火车的车轮有动轮和导轮之分，动轮承载车体的重量，导轮用于保持车体的稳定和导向。

单轨铁路的主要结构是高架轨道，由钢或钢筋混凝土制成，应用于城市和游乐场。

电脑火车

是一种高科技的新型火车，具有高速、廉价等优点。这种电脑火车由两台电动机驱动，在高高架起的轨道上行驶，火车的速度可以达到每小时200多千米。电脑火车无人驾驶，启动、运行和

行驶速度完全由电脑自动控制。它吸取了轻轨火车和高速火车的优点，既轻便快捷，又安全可靠。

行星火车

是指行驶在地下的真空磁悬浮超音速火车。要建造这种神奇的行星火车，首先要在地下深处挖一条长距离的隧道，在隧道内铺设2根或4根直径为12米的管道，然后抽出管道中的空气，使管道内部处于真空状态。这种行星火车设计最高时速为22500千米，横穿美国大陆只需21分钟，而喷气式飞机则需5小时。

铁路公路两用车

这种火车除了具有能在铁轨上运行的钢制车轮外，还装有在公路上使用的橡胶轮胎，当需要在公路上运行时，橡胶车轮降下，钢制车轮收起。两用火车可以把货物直接运送到不通火车的目的地，不需要中途转运，因此大大方便了货物运输。同时，它还有投资少、运营成本低、适用面广等多种优点。现在，很多国家和地区都有这种车行驶于公路和铁路之间。

延 伸 阅 读

世界上的第一列火车：1804年，一个名叫德里维斯克的英国矿山技师，首先利用瓦特的蒸汽机造出了世界上第一台蒸汽机车。这是一台单一汽缸蒸汽机，能牵引5节车厢，它的时速为5000米至6000米。

新型飞机

塑料飞机

即用塑料制造的飞机。这种飞机的机体全部用塑料制造，大大减轻了飞机的重量，而且生产成本低、绝缘性能好、抗腐蚀能力强。美国有一架塑料飞机，重仅1.7吨，它与金属制造的同类飞机相比，重量减轻45％，汽油节省50％。

微波动力飞机

是以微波能来开动的飞机。微波动力飞机不带燃料，只有一台直流电动机和微波接收整流装置。飞机起飞时由蓄电池为电动机供电，升空后蓄电池关闭，由地面的微波发生器通过锅形天线

发射微波，飞机上的特殊天线把接收到的微波变成直流电，驱动由电动机带动的飞机螺旋桨做动力飞行。

空天飞机

也叫航空航天飞机，是既具有高超音速运输功能，又具有在天地间往返运输功能，并能重复使用的飞行器。

它像普通飞机一样起飞，但以高超音速在大气层内飞行，在30千米至100千米高空的飞行速度为12倍至25倍音速，并且直接加速进入地球轨道，成为航天飞行器；返回大气层后，能像飞机一样在机场着陆。

氢燃料飞机

是以氢为燃料，既节能又无大气污染的一种新型燃料飞机。这种飞机不排放导致全球变暖的二氧化碳，几乎完全没有噪音。

氢燃料是一种最理想的飞机燃料。虽然蕴藏在水中的氢在地球上的储量非常丰富，但要把氢从水中分离出来却非常困难。只有随着制氢技术的发展，当廉价的氢燃料容易获得时，氢燃料飞机的推广方能成为现实。

延 伸 阅 读

世界上的第一架飞机：1903年，美国莱特兄弟设计制造的飞机进行了成功的飞行，这是世界上首次实现航空器的有动力、可操纵的飞行。

交通设施

公路

　　英国人别出心裁地制成一条可以移动的公路。它是用铝合金板连接而成的，装在专用的平板卡车上，可以随便移动，能通过60吨的载重汽车。这条公路可以伸缩，哪里的公路坏了，马上就把移动公路搬到那里临时应急。

夜光公路

　　在修筑公路时采用能发光的水泥划分车道、铺设人行横道线和制作各种车道标志。白天，发光水泥吸收太阳能，夜晚，它将白天储藏的能量以光的形式释放出来，形成发光的公路。

地毯公路

　　它并不像家庭里铺的地毯一样，而是利用聚丙烯混合制成的覆盖在光滑路面上的一条0.1米厚的带状"地毯"。这种地毯的独特之处就是它的底部会很快与路

面黏合在一起，融为一体，形成一条地毯公路。这种公路寿命长、造价低、耐腐蚀，还可以减轻车轮与路面的磨损，有利于交通安全。

草坪公路

是一种经过人们特殊设计的公路，路面用混凝土铺制而成，但在路面上设有许许多多分布均匀、疏密适中的小圆洞，这些小圆洞直通路面下的土层。在气候湿润，阳光和水分都很充足的地方，在小圆洞中播种的草籽能很快就地长成绿草，绿草使公路路面一片翠绿，形成草坪公路。草坪公路不仅可以缓解司机的疲劳，还能改善城市生态环境。

延 伸 阅 读

最早的公路：秦始皇曾修筑一条世上最早、最长也最宽的超级马路——军事直道。这是秦始皇为快速集结军队和运输粮饷物资而建的，是可与长城媲美的边防军事设施。

新式建筑

纸屋

　　纸屋同普通房屋相似，有门、窗、墙和天花板，还有装饰墙纸等。它的主要材料是各种类型的波纹夹层纸板或蜂窝状夹层纸板，纸板外表有覆盖层和保护层，一层一层很像夹心饼干，一般厚度在0.05米左右，具有相当的牢固度。为了克服纸板易燃易潮

的问题，科学家找到了不少有效阻燃防潮的方法，例如在纸板表面附加一层玻璃纤维与树脂复合涂层，使其更坚韧，并能防水。

塑料房屋

房屋表面材料大部分是塑料制品，屋顶由两种不同的塑料盖板覆盖，墙壁是乙烯挤压成品，具有多种颜色和形状，是通用的聚氯乙烯覆上了一层高性能的、非常严密的树脂制品。塑料房屋由大块板制成，它的最大优点是重量轻、安装简便、构建快、还可阻燃。

生物住宅

生物住宅是完全以天然资源，即木材、黏土或砖制造的，并以无毒物质涂刷和加色。这些住房通常包含太阳能温度控制系统和绝缘保温的冬季花园。这类住宅可阻断地下水和地球磁场的干扰。

生物住宅对于人的健康非常有利，这已被许多入住的居民所证实。但是，生物住宅的费用一般都比普通住宅要昂贵。

汽车住宅

就是将预制的房屋安装在汽车底盘上。汽车住宅的浴室、厨房、餐厅、起居室、卧室均为最小尺寸，但室内布置非常舒适，

汽车住宅在设计上吸取了宇宙飞船舱体设计的优点，住宅内部装有高水平的技术设备，温度能够自动调节，以适应不同国家和地区的气候条件。

延 伸 阅 读

  北京奥运主会场鸟巢：是瑞士建筑师独创的未完全密封的壳，外观像一个鸟巢，是由不同的小分支组成。体育场能为这个有着91000个座位的建筑结构提供自然通风，是至今世界最大的环保型体育场。

医疗技术

智能药丸

这种药丸长度不到0.25米，里面装有无线电发波器，被送入人体指定器官后会发出电波。接收器接收电波后把数据传给电脑，从而准确测定体内患疾的位置，并在指定的病灶处施药治疗。

测癌仪

通过人体耳部肿瘤特异穴位的生物电数据检测，断定体内有无肿瘤，并辨别肿瘤的所在部位及其性质。这一仪器能够分离、

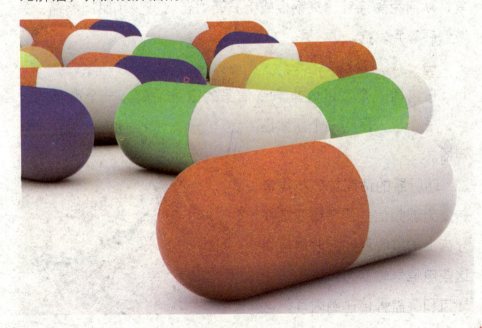

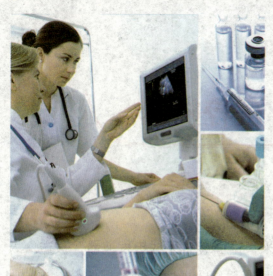

统计并分析血液样本中的游离肿瘤细胞，专家称之为捕捉肿瘤信息的"生物雷达"。

生理活骨术

科学家根据动静理论、生物活性原理以及工程技术中的框架结构功能，发明了一套"活性生理复骨技术"，并相应研制出一种特殊的自动加压复骨装置。治疗工作只在患者骨折处表面进行。由于是通过患者自身生理自动加压产生压力刺激和生物传导，促使骨折处较快修复，从而免受穿针、夹钢板或上石膏之苦，减少了肌肉萎缩、关节僵硬等并发症。

安在牙齿上的助听器

它包括一个负责收集声音信号的微小话筒，一个微小的天线，一个放大器和一个晶体扬声器。

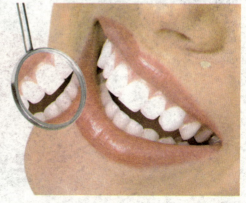

助听器的话筒首先将声音转变为调频信号传递给安装在牙齿上的接收器，接收器再将这些电信号转变为声信号，由牙齿和头盖骨传递到内耳，这

样人就可听到声音了。此助听器是根据人的牙齿和头盖骨具有吸收声波并向听觉神经传递声波的功能设置的。

手指血压计

是套在手指上测量血压的一种医疗设备，一般重650克左右，使用时只要套在手指上就可以了，非常方便。手指血压计通过手指基部测量人体血压和脉搏，并可连续测量，不影响患者睡眠，也不用脱衣服。手指血压计测得的数据将输入存储器，并通过显示器读出或复印出来。使用这种血压计是为了便于医师随时了解患者血压情况，以掌握投药时机。

人造视觉眼睛

是一种固定在盲人前额上的电子视觉机器，体积很小，形状如一个黑色的小盒。它是一个微型的摄影机，摄入的外界景象，经过微型电子计算机进行分析处理，再将信息输入到埋在盲人大脑视觉区的数百个特制电极，刺激视神经产生兴奋，传递到大脑皮层，最终产生视觉。

除了人造视觉眼睛，还有人造听觉"眼睛"和人造激光"眼睛"。人造眼睛的运用是盲者的福音。

喷水手术刀

科学家研制成一种用于肝脏手术的喷水手术器械。肝脏手术常常造成大量出血，有了这一发明，医生不再用传统的手术刀，而用低压喷水手术刀来冲刷肝组织，使血管和胆结构暴露出来，医生就知道怎样进行手术了。这种方法不用切割肝组织，通过使用一些止血药物，手术过程中的流血量可保持在最低限度。喷水手术不但花钱少而且容易操作。

吞服式温度计

这种温度计从外观上看很像个胶囊，但它的内部构造却相当复杂，有微型电池、温度传感器、向外发射电信的装置等。它被吞入肚内后，会不停地把感觉到的温度发送出来，外面的信息接收机接收到信号之后，就能知道人体内的温度。这种温度计外表加一层橡胶膜，在胃部停留一段时间后就会经由小肠、大肠，最后从肛门排出体外。

延 伸 阅 读

最细的人造血管：这种人造血管直径仅有3毫米。血管分为三层，内层是一种能抗血栓的弹性体；中层由有无数个直径仅有20微米大小微孔的弹性体组成；最外层是一种高分子材料，人体内的许多血管都可由这种人造血管代替。

物理肥料

气体肥料

科学家发现，在农作物生长发育的旺盛期和成熟期，每周向其喷放一至两次植物喜欢的二氧化碳气体，只要喷过4至5次，农作物就会普遍增产。这种气体肥料主要用来补充农用塑料大棚二氧化碳和日光温室内气体的不足，以提高植物光合作用的效率，增加农作物抗性，从而提高单位产量。

电肥

给植物体一定量的电压的刺激可以促进其细胞分裂生长，从而促进农作物生长，这就是电肥，又称"电场肥料"。植物电位差越大，其光合作用也就越强。

每个农作物机体中的每一个细胞都可以看做一个微型电池，经常需要及时充电。这样可以加快细胞分裂速度，促进其生长。科学家研究发现，西瓜种子在75V电压的稀盐酸溶液中浸泡后，结出的西瓜含糖量增加，产量也有提高。

磁性肥料

用磁化器处理过的种子、化肥和水，能够促进农作物的生长，提高产量。这是由于植物光合作用过程与电磁现象有关，叶

绿素在有光照时导电能力会增强，电磁特性发生显著变化。在盐碱地里种植番茄，然后用磁化水灌溉，产量会大增。

激光肥

　　辐射射线，如紫外线、可见光和红外线等，在适合的激光媒体和特定环境条件下，就会产生具有独特物理性质的光束，即激光。激光水可以加速农作物细胞的生化过程，使其发芽率高、光合作用强、早熟高产，并能增强作物抗病能力。北美和西欧不少国家已普及使用激光水灌溉农田，农作物增产两成以上。科学试验证实，农作物对激光水的吸收率是普通水的3倍。

声波肥

即在田间地头安置一台频率发生装置，定期地向四周发出声波，可以刺激农作物的生长发育。其有效面积为66700平方米。实践证明，声波也是一种能量，可被农作物吸纳，增强细胞活力，加速细胞分裂，促进植物生长发育。例如，英国有人给蔬菜演奏美妙的音乐，竟培育出2500克的萝卜、足球大的甘薯、30千克重的卷心菜、小伞一样的蘑菇等。美国科学家采用声波技术对温室和田间栽培的番茄、青椒、草莓、菠菜、花卉等进行试验，结果表明，声波不但使其产量增加，品质有所提高，还有助于延长果蔬的储存期。

光波肥

农作物不仅具有趋光性，而且对光谱还有选择性，不同的农作物喜爱不同的光。利用特定波段的光对农作物进行特别的照

射，可以刺激农作物的内部组织，促进其生长和改善营养成分的含量。科学家用红光定期照射西红柿和黄瓜，结果它们的成熟期提前了一个月；又用黄光照射大豆，使大豆的成熟期提前了20天，蛋白质的含量大幅增加。目前人类对太阳光的利用率不到4%，光波肥的研发和使用，将是物理肥料中最经济又最实惠的一种增产方式，开发利用潜力无穷。

风肥

美国亚利桑那州中部地区阳光充足，平原开阔，自然风资源十分丰富，人们在一些庄稼地边安装了不少气泵。那些气泵中吹出来的是含有高浓度二氧化碳的高碳风。由于二氧化碳的比重比空气大，这股高碳风能轻轻地掠过地面和庄稼枝叶。二氧化碳是植物的基本营养素，植物通过光合作用，吸收二氧化碳，生成糖、碳水化合物和其他有机物。

水肥

就是将煮沸5分钟的开水倒入一个容器里并密封起来，然后降温至20摄氏度以下的凉开水。用这种水肥浇灌或浸种，能对农作物产生一种特殊的生理作用。试验证明，棉花能增产1成至2成，而且棉纤维质量良好；甜菜能增长40％，糖分增加1.5％。

延 伸 阅 读

神奇的物理肥料：包括气体肥料、磁性肥料、电肥、声波肥、光波肥、激光肥、风肥等。这些肥料不仅清洁、无污染，而且对植物的生长有更明显的效果，能使农作物的果实质量更高。

现代农业

现代农业

是广泛应用现代科学技术、现代工业提供的生产资料和科学管理方法进行的社会化农业生产方式。其基本特征是：一整套建立在现代自然科学基础上的农业科学技术的形成和推广，使农业生产技术由经验转向科学。如育种、栽培、饲养、土壤改良、植保畜保等农业科学技术迅速提高和广泛应用。

现代农业技术

现代农业技术使农业实现了机械化、电气化，农业预测和调

控大自然的能力有所增强，农业劳动生产率有较大的提高。由于工业为农业提供和投入了大量的物质能量，如农业机械、农药、塑料薄膜、燃油、电力等。因此，现代农业也叫工业化农业。

绿色农业

是指将农业与环境协调起来，促进可持续发展，增加农户收入，保护环境，同时保证农产品安全性的农业。主要以"绿色环境"、"绿色技术"、"绿色产品"为主体，促使过分依赖化肥、农药的化学农业向依靠生物内在机制的生态农业转变。绿色农业是灵活利用生态环境的物质循环系统，实践农药安全管理技术、生物学技术和轮耕技术等，从而保护农业环境的一种整体性概念。

物理农业

物理农业这个概念起源于植物生理学、农业物理学、生物物理学和物理农业。它是物理技术和农业生产的有机结合，是利用

具有生物效应的电、磁、声、光、热、核等物理因子操控动植物的生长发育及其生活环境，促使传统农业逐步摆脱对化学肥料、化学农药、抗生素等化学品的依赖以及自然环境的束缚，最终获取高产、优质、无毒农产品的环境调控型农业，是属于高投入高产出的设备型、设施型、工艺型的农业产业。

休闲农业

是建立一种综合性的休闲农业区，主要利用农业景观资源和农业生产条件，发展观光、休闲、旅游，也是深度开发农业资源潜力，调整农业结构，改善农业环境，增加农民收入的新途径。游客不仅可以观光旅游、体验农作、了解农民生活、享受乡间情趣，而且可以住宿、度假、游乐。休闲农业的基本概念是充分利用农村的设施与空间、农业生产场地、农业自然环境、农业人文资源等。

工厂化农业

是采用类似工厂的生产方法，通过现代化生产设备、先进技术和管理手段，组织安排农、畜、禽等产品生产的农业经营方式。

工业化农业是现代农

业的高级层次，它综合运用了机械化、自动化技术高度密集型生产，能够在人工创造的环境中进行全过程的连续作业，从而摆脱自然界的制约。

工厂化农业现已应用于蔬菜、花卉、养猪、养禽、养鱼，乃至多年生果树栽培等许多领域，并达到高效率、高产值、高效益的良好效果。

特色农业

以追求最佳效益为目的，依据区域内整体资源优势及特点，突出地域特色，坚持以科技为先导，以某一特定生产对象或生产目的为目标，形成规模适度、特色突出、效益良好，且产品具有较强市场竞争力的非均衡农业生产体系。特色农业的发展适应了社会消费的需求，并且与世界经济一体化，同时也为全球农业市场细分奠定了基础。

观光农业

是指在保护、改善农业生态环境的前提下，遵循生态学、生态经济学规律，运用系统工程方法和现代科学技术，集约化经营的农业发展模式，是按照生态学原理和经济学原理，运用现代科学技术成果和现代管理手段，以及传统农业的有效经验建立起来的，能获得较高的经济效益、生态效益和社会效益的现代化农业。观光农业解决了农业发展的部分问题，提供了大量就业机

会，为农村剩余劳动力解决了就业问题，改变了农村面貌，为解决我国"三农问题"提供了新的思路。

都市农业

是指地处都市及其延伸地带，紧密依托并服务于都市的农业。它是大都市中、都市郊区和大都市经济圈以内，以适应现代化都市生存与发展需要形成的现代农业。都市农业以生态绿色农业、观光休闲农业、高科技现代农业为标志，以农业高科技武装的园艺化、设施化、工厂化生产为主要手段，融生产性、生活性和生态性于一体。

立体农业

着重于开发利用垂直空间资源的一种农业形式。立体农业是对合理利用自然资源、生物资源和人类生产技能，实现由物种、层次、能量循环、物

质转化和技术等要素组成的立体模式的优化。

立体农业能够使废弃物被重新利用，是一种良性的生态环境。

延 伸 阅 读

传统农业：是在自然经济条件下，采用人力、畜力、手工工具、铁器等为主的手工劳动方式，靠世代积累下来的传统经验发展，以自给自足的自然经济居主导地位的农业。

基因科技

基因诊断

指通过使用基因芯片对基因或基因组进行直接分析，从而找出致病遗传基因。医学和生物学研究人员将能在数秒钟内，鉴定出最终会导致癌症等的突变基因。该诊断通常使用基因本身或紧邻的DNA序列作为探针，以探查基因有无突变、缺失等异常现象，它适用已知基因异常的疾病。

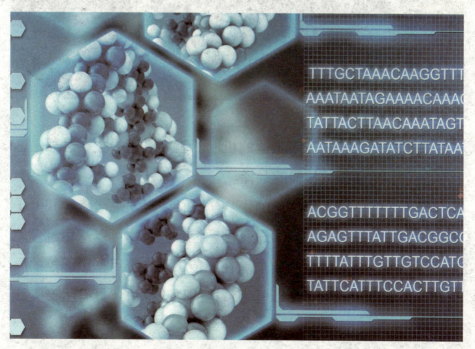

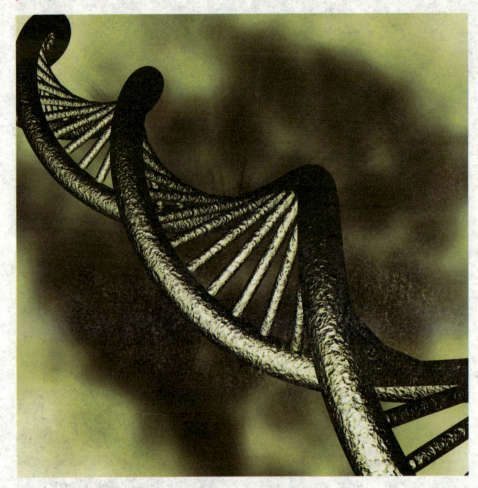

基因调控

是生物体内控制基因表达的机制。基因表达的主要过程是基因的转录和信使核糖核酸的翻译。

基因调控的研究有广泛的生物学意义，是发生遗传学和分子遗传学的重要研究领域。通过基因调控，微生物可以避免过多地合成氨基酸、核苷酸之类物质。在遗传工程中应用基因调控的原理可使外源基因表达，所以基因调控的理论探讨还具有生产实践意义。

基因芯片

指通过微加工技术，将数以万计，乃至百万计的特定序列的DNA片段，有规律地排列固定于2平方厘米的硅片、玻片等支持物上，构成的一个二维DNA探针阵列。因与计算机的电子

芯片十分相似，所以被称为基因芯片。该技术是顺应基因组序列数据迅速增长的科学发展要求的产物。

基因武器

运用先进的遗传工程这一新技术，用类似工程设计的办法，按人们的需要通过基因重组，在一些致病细菌或病毒中接入能对抗普通疫苗或药物的基因，或者在一些本来不会致病的微生物体内接入致病基因而制造成生物武器。基因武器可以用人工、导弹或火炮等方式投入城市或交通要道，让人患上一种无法治疗的疾病，使其在无形战场上静悄悄地丧失战斗力。

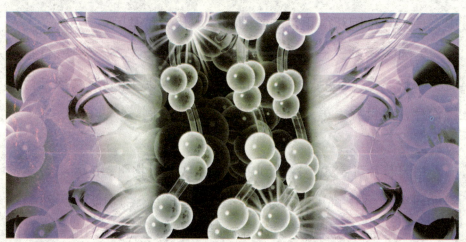

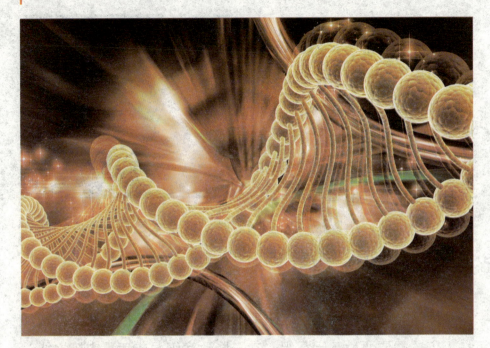

基因疗法

　　主要是利用健康的基因来填补或替代基因疾病中某些缺失或病变的基因。从患者身上取出一些细胞，然后利用对人体无害的逆转录病毒当载体，把正常的基因嫁接到病毒上，再用这些病毒去感染取出的人体细胞，让它们把正常基因插进细胞的染色体中，使人体细胞获得正常的基因，以取代异常基因。

　　美国医学家安德森等人于1990年9月14日，对一例患有腺苷脱氨酶缺乏症（ADA缺乏症，自身不能生产ADA）的4岁女孩进行基因治疗，是世界上第一个基因治疗的成功范例。

基因环保

　　基因芯片可高效地探测到由微生物或有机物引起的污染，能够帮助研究人员找到并合成具有解毒和消化污染物功能的天然酶基因，也能够通过大规模的筛选寻找保护基因，制备防治危害的基因工程药品或能够治理污染源的基因产品。

这种基因一旦被发现，研究人员便把它们转入普通的细菌中，然后用这种转基因细菌清理被污染的河流或土壤。

基因识别和亲子鉴定

基因识别主要利用生物学实验等手段识别DNA序列上的具有生物学特征的片段。识别的对象主要是蛋白质编码基因，也包括具有一定生物学功能的因子，如DNA基因和调控因子。由于人类基因具有唯一性（双胞胎除外），法医学上普遍应用的是个体识别和亲子鉴定，DNA分析为法医物证检验提供了科学、快捷的手段。

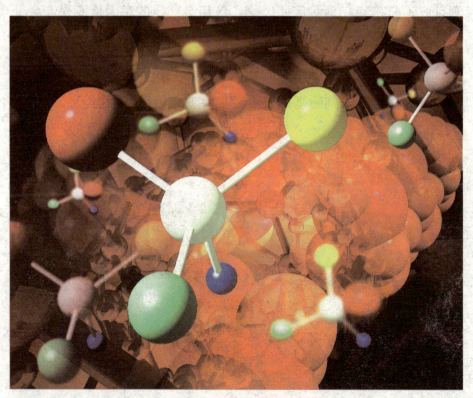

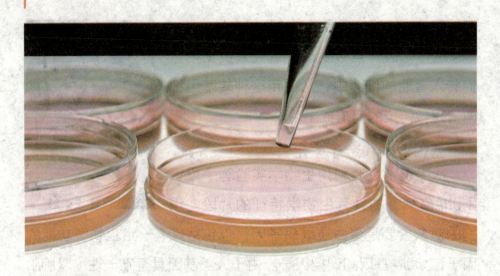

基因检测

是通过血液、其他体液或细胞对DNA进行检测的技术。基因检测可以诊断疾病和预测疾病风险。应用最广泛的基因检测是新生儿遗传性疾病的检测、遗传疾病的诊断和某些常见病的辅助诊断。检测时，把受检者的基因从细胞中提取出来，然后用有特殊标记物的突变基因探针方法判断基因是否存在突变或敏感基因型。

延 伸 阅 读

基因的两个特点：一是能忠实地复制自己，以保持生物的基本特征；二是能够突变，突变绝大多数会导致疾病，另外的一小部分是非致病突变。

纳米技术

纳米材料

当物质达到纳米尺度以后大约是在0.1纳米至100纳米这个范围空间，物质的性能就会发生突变，出现特殊性能。这种拥有特殊性能的材料，即为纳米材料。纳米金属材料是20世纪80年代中期研制成功的，后来相继问世的有纳米半导体薄膜、纳米陶瓷、纳米瓷性材料和纳米生物医学材料等。

纺织方面

在纺织和化纤制品中添加纳米微粒，可以除味杀菌。化纤布非常结实，但有烦人的静电现象，加入少量金属纳米微粒就可消除静电现象。真丝和羊毛在不改变其性能的情况下能防水和防污，而且能够使衣服更长时间地保持清洁和鲜艳。衣料表面带有

大小在100纳米以内的微型结构，能吸收空气分子并形成覆盖层，使衣料防水防油。

建材方面

纳米技术的运用，可使墙面涂料的耐洗刷性提高10倍。玻璃和瓷砖表面涂上纳米薄层，可以制成自洁玻璃和自洁瓷砖，根本不用擦洗。含有纳米微粒的建筑材料还可以吸收对人体有害的紫外线。由于纳米超细粉末尺寸非常小，而且具有吸收电磁波的性能，对不同波长的雷达波和红外线具有很强的吸收作用。因此，被纳米颗粒改性后的涂料可成为军事上使用的隐身涂料。

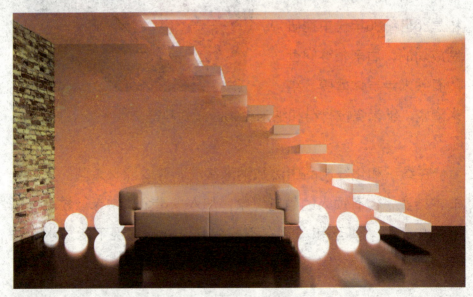

食品方面

纳米材料做的无菌餐具、无菌食品包装用品已经面世。人工制造的纳米粒子可用作包裹食物配料和食物添加剂，以掩盖食物配料和食物添加剂的不良气味和味道，防止包封的食物配料变质等。

医疗方面

利用纳米技术制成的微型药物输送器，可携带一定剂量的药物，在体外电磁信号的引导下准确到达病灶部位，有效地起到治疗作用，并减轻药物引起的不良反应。用纳米制造成的微型机器人，其体积小于红细胞，通过注射进入血管中在人的操控下能疏通脑血管的血栓。用纳米技术制成的新型诊断仪器，只需检测少量血液，就能通过其中的蛋白质和DNA诊断出各种疾病。利用纳米级荧光微粒接上抗体，就能进行免疫学的间接凝集试验。0.5克金便可制备10000毫升纳米金溶胶，作为妊娠试剂可验孕10000人次，诊断快速可靠。

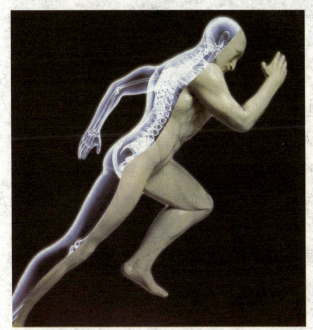

纳米级测量技术

新的测量技术能够将纳米材料的电气和机械特性表示为施加探针压力的函数，为人们揭示之前无法看到的纳米现象，包括纳米级精度的尺寸和位移的测量，纳米级表面形貌的测量。纳米级测量技术主要有两个发展方向，一是光干涉测量技术；二是扫描探针显微测量技术。

纳米测量工具主要包括原子力显微镜、多模式扫描探针显微镜、各种参数测试仪、高灵敏度纳伏/毫欧表、各类高精度分析仪和微阵列等。

纳米组装技术

是通过机械、物理、化学或生物的方法，把原子、分子或者分子聚集体进行组装，形成有功能的结构单元。组装技术包括分子有序组装技术，扫描探针原子、分子搬迁技术以及生物组装技术等。纳米组装技术的发展，将会使纳米机械、纳米机电系统和纳米生物学产生突破性的飞跃。我国在纳米领域的科学发现和产业化研究有一定的优势，目前同美、日、德等国位于国际第一梯队的前列。

纳米生物学

是以纳米尺度研究细胞内部各种细胞器的结构和功能，研究细胞内部、细胞内外之间以及整个生物体的物质、能量和信息交

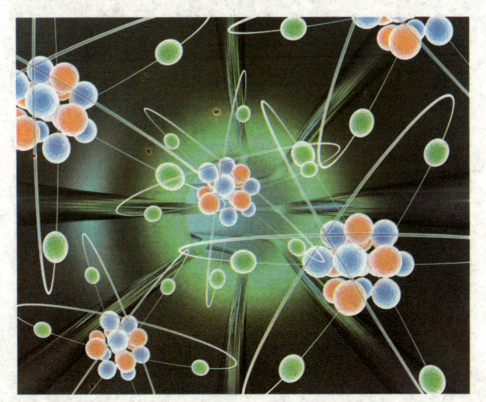

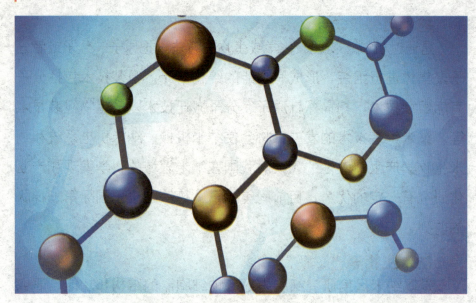

换。纳米生物学发展到一定技术水平时，可以用纳米材料制成具有识别癌细胞能力的纳米生物细胞和能吸收癌细胞的生物医药，杀死癌细胞。

延 伸 阅 读

纳米的研究应用：当前纳米技术的研究和应用主要在材料和制造、微电子和计算机技术、医学与健康、航天和航空、环境和能源、生物技术和农产品等方面。用纳米材料制作的器材重量更轻、硬度更强、寿命更长、维修费更低、设计更方便。

激光及其技术应用

激光

1916年，激光被著名物理学家爱因斯坦发现，但直到1960年才首次制造成功。它的亮度为太阳光的100亿倍。激光可使人们有效地利用前所未有的先进方法和手段，去获得空前的效益和成果，从而促进了生产力的发展。因此，激光被誉为"最快的刀"、"最准的尺"、"最亮的光"。

激光技术

具有单色性好、方向性强、亮度高等特点。激光技术的核心是激光器，激光器的种类很多，可按工作物质、激励方式、运转方式、工作波长等不同方法分类。广泛应用的单元技术有共振腔设计与选模、倍频、调谐、Q开关、锁模、稳频和放大技术等。

激光打孔技术

具有精度高、通用性强、效率高、成本低和综合技术经济效益显著等优点，已成为现代制造领域的关键技术之一。目前使用的激光器多以YAG激光器、二氧化碳激光器为主，还有准分子激光器、同位素激光器和半导体泵浦激光器。激光打孔技术主要应用在航空航天、汽车制造、电子仪表、化工等行业。

激光雕刻

是以数控技术为基础，激光加工为媒介。加工材料在激光照射下瞬间发生熔化和汽化的物理变性，达到加工的目的。

激光雕刻可以打出各种文字、符号和图案等，字符大小可以从毫米到亚微米量级，对产品的防伪有特殊意义。激光雕刻已广泛用于微电子工业和生物工程等领域。

激光打标技术

它是利用激光打标机产生的激光对工件进行局部照射，使表层材料汽化或发生颜色变化的化学反应，从而留下永久性标记的一种打标方法。其工作原理是由激光发生器生成高能量的连续激光光束。当激光作用于承印材料时，处于基态的原子跃迁到较高能量状态；处于较高能量状态的原子会很快回到基态，这时就会以光子或量子的形式释放出额外的能量，并由光能转换为热能，

使表面材料瞬间熔融，甚至汽化，从而形成图文标记。

激光手术

指用二氧化碳发光管射出高功率光线作用于病理组织，能使炎症吸收破坏肿瘤，低功率可以祛斑美化皮肤。激光手术有准分子激光角膜表面切削术、准分子激光原位角膜磨镶术、准分子激光上皮下原位角膜磨镶术几种类型。

激光能产生高能量和聚焦精确的单色光，具有一定的穿透力，作用于人体组织时能在局部产生高热量。激光手术就是利用激光的这一特点，去除或破坏目标组织，达到治疗的目的。激光手术主要包括激光切割和激光换肤。

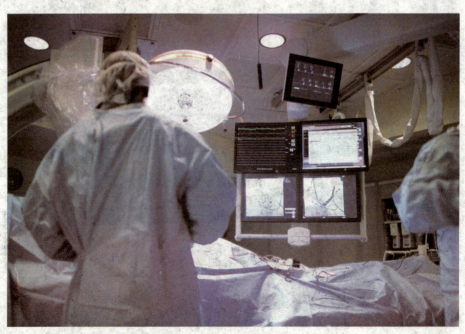

激光切割

该技术采用激光束照射到钢板表面时释放的能量来使不锈钢熔化并蒸发。激光源一般用二氧化碳激光束，工作功率为500至2500瓦。该功率的水平比许多家用电暖气所需要的功率还低，但是，通过透镜和反射镜，激光束可聚集在很小的区域。能量的高度集中能够迅速局部加热，使不锈钢蒸发。此外，由于能量非常集中，所以，仅有少量热传到钢材的其他部分，所造成的变形很小或没有变形。利用激光可以非常准确地切割复杂形状的坯料，所切割的坯料不必再做进一步的处理。

激光光谱

激光光谱是以激光为光源的光谱技术。激光光源具有单色性好、亮度高、方向性强、相干性强等特点，是用来研究光与物质的相互作用，从而辨认物质及其所在体系的结构、组成、状态及其变化的理想光源。激光的出现使原有的光谱技术在灵敏度和分

辨率方面得到很大的改善。由于已能获得强度极高、脉冲宽度极窄的激光，对多光子过程、非线性光化学过程以及分子被激发后的弛豫过程的观察成为可能，并分别发展成为新的光谱技术。激光光谱学已成为与物理学、材料科学等密切相关的研究领域。

激光器

是能发射激光的装置，按工作介质，可分为气体激光器、固体激光器、半导体激光器和染料激光器四大类。

现今，由于激光器具备的种种突出特点，因而被很快运用于工业、农业、精密测量和探测、通讯与信息处理、医疗、军事等各方面，并在许多领域引起了革命性的突破。而随着人类对激光技术的进一步研究和发展，激光器的性能将进一步提升，成本将进一步降低，但是它的应用范围还将继续扩大，并将发挥出越来越巨大的作用。

光纤激光器

是指用掺稀土元素玻璃光纤作为增益介质的激光器。光纤激光器可在光纤放大器的基础上开发出来，在泵浦光的作用下光纤内极易形成高功率密度，造成激光工作物质的激光能级"粒子数反转"，当适当加入正反馈回路便可形成激光振荡输出。按照光纤材料的种类，光纤激光器可分为晶体光纤激光器、非线性光学型光纤激光器、稀土类掺杂光纤激光器和塑料光纤激光器。

激光雷达

是指用激光器作为辐射源的雷达。激光雷达是激光技术与雷达技术相结合的产物，由发射机、天线、接收机、跟踪架及信息处理等部分组成。

激光雷达的作用是能精确测量目标的位置、运动状态和形状，探测、识别、分辨和跟踪目标，广泛应用于军事上。经过多年努力，科学家们已研制出火控激光雷达、侦测激光雷达、导弹制导激光雷达、靶场测量激光雷达、导航激光雷达等。

激光传感器

是利用激光技术进行测量的传感器。它由激光器、激光检测器和测量电路组成。激光传感器是新型测量仪表，它的优点是能实现无接触远距离测量，速度快，精度高，量程大，抗光、电干扰能力强等。可以说激光是最准的尺。

延 伸 阅 读

激光在美容界的用途：不同波长的脉冲激光可治疗各种血管性皮肤病及色素沉着，如太田痣、鲜红斑痣、老年斑、毛细血管扩张等。

生物技术

基因工程

是指在基因水平上，按照人类的需要进行设计，然后按设计方案创建出具有某种新的性状的生物新品系，并能使之稳定地遗传给后代。

基因工程采用与工程设计十分类似的方法，明显地既具有理学的特点，同时也具有工程学的特点。

细胞核移植技术

细胞核移植技术又叫克隆技术，是指用机械的办法把一个被称为"供体细胞"的细胞核移入另一个除去了细胞核被称为"受体"的细胞中，然后这一重组细胞进一步发育、分化。核移植的原理是基于动物细胞的细胞核的全能性。

对细胞核移植的研究，不仅在探

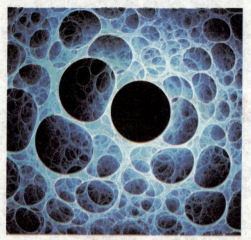

明动物细胞核的全能性、细胞核与细胞质关系等重要理论问题方面具有重要的科学价值，而且在畜牧业生产中也有着非常重要的经济价值和应用前景。

细胞工程

细胞工程是根据细胞生物学和分子生物学原理，采用细胞培养技术，在细胞水平进行的遗传操作。细胞工程大体可分为染色体工程、细胞质工程和细胞融合工程。

当前细胞工程所涉及的主要技术领域有细胞培养、细胞融合、细胞拆合、染色体操作及基因转移等方面。可生产有用的生物产品或培养有价值的植株。

细胞培养技术

细胞培养技术是细胞工程的基础技术。所谓细胞培养，就是将生物有机体的某一部分组织取出一小块进行培养，使之生长、分裂的技术。

在体外细胞培养中，供给离开整体的动植物细胞所需营养的是培养基，培养基中除了含有丰富的营养物质外，一般还含有刺激细胞生长和发育的一些微量物质。培养基一般有固态和液态两种，它必须经灭菌处理后才可以使用。此外，温度、光照、振荡频率等也都是影响培养的重要条件。

细胞融合技术

是指在离体条件下，利用融合诱导剂，把相同或不同物种的体细胞人为地融合，形成杂合细胞的过程。这是一种新的获得杂交细胞以改变细胞性能的技术，是细胞遗传学、细胞免疫学、病毒学、肿瘤学等研究的一种重要手段。

从20世纪70年代开始，已经有许多种细胞融合成功，有植物间、动物间、动植物间，甚至人体细胞与动植物间，成功融合的新杂交植物如 "西红柿马铃薯"、"拟南芥油菜"和"蘑菇白菜"等。

发酵工程

现代的发酵工程又叫微生物工程，指采用现代生物工程技术手段，利用微生物的某些特定的功能，为人类生产有用的产品，或直接把微生物应用于工业生产过程。

发酵工程在医药、食品、农业、冶金、环境保护等许多领域都得到广泛应用。

酶工程

指利用酶、细胞或细胞器等具有的特异催化功能，借助生物反应装置和通过一定的工艺手段，生产出人类所需要的产品。这

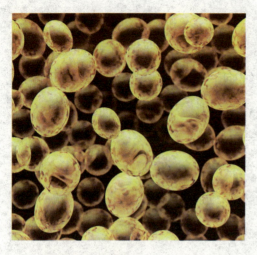

是酶学理论与化工技术相结合而形成的一种新的应用技术。

酶工程可以分为两部分：生产酶和应用酶。现今已有数十个国家采用固定化酶和固定化细胞进行工业生产，产品包括酒精、啤酒、氨基酸、有机酸以及药品等。

蛋白质工程

蛋白质工程是指在基因工程的基础上，结合蛋白质结晶学、计算机辅助设计和蛋白质化学等多学科的基础知识，通过对基因的人工定向改造等手段，对蛋白质进行修饰、改造和拼接，以生产出能满足人类需要的新型蛋白质的技术。它是在深入了解蛋白质空间结构与功能，在掌握基因操作技术的基础上，用人工合成生产具有新的结构与功能的蛋白质分子。

延 伸 阅 读

神奇的生物技术：科学家采用生物技术，在西红柿中植入抗成熟的基因，可以延长西红柿的保鲜期。植物体中引入对人体无害的抗虫基因，就能防止病虫害，并可减少农药的使用。

生物技术应用

农业生物技术

农业生物技术是指运用基因工程的方法培育高抗病性、抗倒伏、抗盐、抗寒农作物。采用基因工程手段生产的工程菌农药，可以实现高效、低毒、低残留杀灭病害虫。采用同位素育种和常规育种相结合，可以筛选高产、抗病抗逆境等优良性状的农作物。

军事生物技术

它包括生物武器与生物战、生物化学制剂与特种作战、军用生物材料、生物微电子技术以及军用生物能源技术、仿生军用运载平台、仿生探测与伪装技术、仿生机器人生物技术。

它除了上述作用之外，还能筛选富集放射性元素的微生物，吸收核辐射地区的放射性元素，加快战争灾害地区的净化。它可以利用某些特殊微生物的特性，吸附于地雷等爆炸物周围并释放荧光或者其他易检测到的信号，辅助排除地雷。

医学生物技术

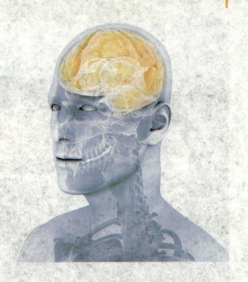

是指人们以现代生命科学为基础，结合其他基础科学的科学原理，采用先进的科学技术手段，按照预先的设计改造生物体或加工生物原料，为人类生产出所需产品或达到某种目的的技术。

医学生物技术是包括基因、病毒、基因法、病毒法、胞培养、疫苗生产、异种移植、工程、药物递送、生物传感器等的研究和利用的生物工程手段。利用医学生物技术能够大大提高人类的医疗水平。

海洋生物技术

这种技术的应用，使因过度捕捞而濒临灭绝的海洋生物的生存得到发展，同时又使人类从丰富的海洋生物资源中发现新药提供了途径。例如，海螺中的一种毒素是有效的止痛药，海绵可以用作抗感染等。

环保生物技术

现代生物技术建立了一类新的、快速准确监测与评价环境的有效方法，主要包括利用新的现代生物、利用核酸探针和利用生物传感器等。

近年来，生物传感器在环境监测中的应用发展很快，并迅速普及。生物传感器是以微生物、细胞、酶、抗体等具有生物活性的物质作为污染物的识别元件，具有成本低、易制作、使用方便、测定快速等优点。

工业生物技术

是利用生化反应进行工业品的生产和加工的技术，是人类模拟生物体系实现自身发展需求的高级自然过程。该技术广泛应用于发酵行业和日用品生产领域，如纤维素酶制剂可以大大提高衣物洗涤效率。

生物反恐

美国"911"恐怖事件和随后的炭疽菌案件，使大部分美国人认识到今后的生物恐怖事件可能还会发生，对生物恐怖事件的防卫必须予以重视。

　　未来，生物反恐将成为国防的新领域，人们将利用生物技术防卫各种可能的生物恐怖袭击。

　　生物反恐将与公共健康系统、传统国防工业、生物技术和制药业紧密关联。

生物太空技术

　　生物技术应用于太空发展，可以为宇航员构建长期太空探险所需的生命支持环境。在微弱的重力环境下，由于重量差异，沉降与对流较难发生，所以在地球上由于流体所造成的干扰现象可利用生物太空技术获得改善，对于实验的进行以及材料的制造有极大

助益。太空中所进行的生物技术实验内容包括有生理实验、蛋白质结晶生成、分离与精制、细胞培养、生产有用物质以及在太空环境中与衣食住行相关的生物技术。

延 伸 阅 读

生物医疗技术实例：世界上第一例成功的基因治疗是对一位4岁的美国女孩进行的，她由于体内缺乏腺苷脱氨酶而完全丧失免疫功能，治疗前她只能在无菌室生活，否则会由于感染而死亡。经治疗，这个女孩可进入小学上学。

机器人

施肥机器人

农业机器人研制成功后发展很快，其后又出现了各类农业机器人。美国明尼苏达州一家农业机械公司的研究人员推出的施肥机器人，会从不同土壤的实际情况出发，适量施肥。它的准确计算，合理地减少了施肥的总量，降低了农业成本。由于施肥科学，使地下水质得到了改善。

移动机器人

是工业机器人的一种类型，它由计算机控

制，具有移动、自动导航、多传感器控制、网络交互等功能。它可广泛应用于机械、电子、纺织、卷烟、医疗、食品、造纸等行业的柔性搬运、传输等，同时可用作车站、机场、邮局的运输工具。

点焊机器人

点焊机器人具有性能稳定、工作空间大、运动速度快、负荷能力强等特点，焊接质量明显优于人工焊接，大大提高了点焊作业的生产率。点焊机器人主要用于汽车整车的焊接工作。

随着汽车工业的发展，焊接生产线要求焊钳一体化，重量越来越大。我国经过优化和性能提升的第二台机器人完成并顺利通过验收，整体技术指标已经达到国外同类机器人水平。

激光加工机器人

激光加工机器人是将机器人技术应用于激光加工中，通过高精度工业机器人实现更加柔性的激光加工作业。

激光加工机器人通过示教盒进行在线操作，也可通过离线方式进行编程。该系统通过对加工工件的自动检测，产生加工件的模型，继而生成加工曲线，也可以利用CAD数据直接加工。

纳米机器人

纳米机器人的研制属于分子仿生学的范畴，它以分子水平的生物学原理为设计原理，设计制造可对纳米空间进行操作的"功能分子器件"。

　　纳米生物学的近期设想，是在纳米尺度上应用生物学原理，发现新现象，研制可编程的分子机器人。用不了多久，个头只有分子大小的纳米机器人将源源不断地进入人类的日常生活。它们将为我们制造钻石、舰艇、鞋子、牛排和复制更多的机器人。

自主型机器人

　　指在设计制作之后，无需人的干预，能够在各种环境下自动完成各项拟人任务的机器人。自主型机器人的本体上具有感知、处理、决策、执行等模块，可以像一个自主的人一样独立活动和处理问题。全自主移动机器人的最重要特点在于它的自主性和适应性。自主性是指它可以在一定的环境中，不依赖任何外部控制，完全自主地执行一定的任务。

护理机器人

　　能用来分担护理人员繁重琐碎的护理工作。新研制的护理机器人将帮助医护人员确认病人的身份，并准确无误地分发所需药品。将来，护理机器人还可以检查病人体温、清理病房，甚至通过视频传输帮助医生及时了解病

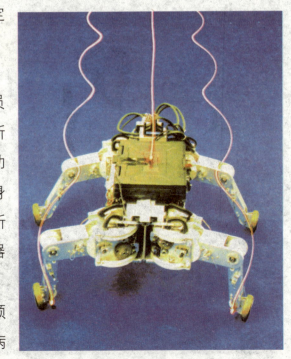

人病情。

浙江大学软件学院发明的智能卫生护理机器人，能帮助老年人、残疾人和短期行动不便病人自动清理大小便，而且还能进行按摩护理，有局部的，也有全身的。通过推、拉、揉、捏等动作，防止病人皮肤溃烂，长褥疮。

智能机器人

智能机器人是指有相当发达的"大脑"的机器人。在脑中起作用的是中央计算机，这种计算机跟操作它的人有直接的联系。最主要的是这样的计算机可以进行按目的安排的动作。智能机器人具备形形色色的内部和外部信息传感器，如视觉、听觉、触觉、嗅觉。它还有效应器，作为作用于周围环境的手段，这就是筋肉，或称整步电动机，它们能使手、脚、鼻、触角等动起来。

传感型机器人

机器人的本体上没有智能单元，只有执行机构和感应机构，它具有利用传感信息进行传感信息处理、实现控制与操作的能力。这种类型的机器人受控于外部计算机，在外部计算机上具有智能处理单元，处理由受控机器人采集的各种信息以及机器人本身的各种姿态和轨迹等信息，然后发出控制指令，指挥机器人的动作。目前机器人世界杯的小型组比赛使用的机器人就属于这样的类型。

防化机器人

有"百毒不侵"之称，盔甲密封性也很好。有一种用于防化侦查和排除污染的机器人，能感受到万分之一盎司的化学毒剂。还能自动分析、探测毒剂的性质和来源，并向指挥员提出防护和清除污染源的措施。在机器内部有一个小小的核探测仪，只要在事故现场转一圈，周围核辐射的情况都能灵敏地测量出来，还能画出一幅辐射分布图，并从中找到辐射强度最大的地方，那可能就是辐射源或是辐射的泄漏点。

救护机器人

这种机器人能够将受伤人员转

移到安全地带，它装有橡胶履带，目前最高时速为4000米每小时。它不仅有信息收集装置，如电视摄像机、易燃气体检测仪、超声波探测器等。还有机械手，可将受伤人员举起并送到救护平台上，为他们提供新鲜空气。

空间机器人

是用于空间探测活动的特种机器人。它可在行星的大气环境中导航及飞行。空间机器人的体积比较小，重量比较轻，抗干扰能力比较强。其特点是智能程度比较高，功能比较全。空间机器人消耗的能量要尽可能小，工作寿命要尽可能长，而且由于是工作在太空这一特殊的环境之下，因此对它的可靠性要求也比较高。

延 伸 阅 读

机器人的问世：1939年美国纽约世博会上展出了西屋电气公司制造的家用机器人。它由电缆控制，可以行走，会说77个字，甚至可以抽烟，不过离真正干家务活还差得远。但它让人们对家用机器人的憧憬变得更加具体。

让细菌为人类造福

能复原指纹的细菌

这是一种奇特的细菌，能沿着指纹的纹路生长繁殖，只要把模糊的指纹弄湿，放上这种细菌，再敷盖上一层这种细菌生长所需要的培养基，大约20几个小时后，指纹就变得清晰了。这种细菌可以帮助警察分辨指纹，是破案的重要手段。

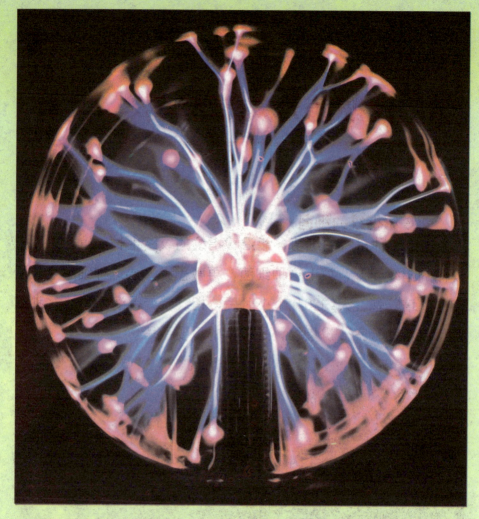

能发电的细菌

　　有些细菌在碳水化合物中进行生物化学反应时产生电子转移，从而把生物化学反应中产生的能量转变成电能，这种生物化学电池叫做细菌电池。科学家根据这一原理研制出一种酶电池，用在通讯航标上，性能良好。

会织布的细菌

　　这种能"织布"的细菌就是胶醋杆菌。它织布的方法是潜入蜜糖养料中，促使葡萄糖产生胶汁，进而通过酶的作用把葡萄糖分子连接起来，从而形成纤维束状的长带。其织布的目的是保护自己。

在合适的温度下，胶醋杆菌能迅速生长，每个细菌每小时可繁殖一亿个细菌。如果最初只有一个细菌，那么它每天就能织出0.3米至0.4米长的布，老的细菌死了，新生的细菌继续工作下去，不断织出布来。

用细菌融化积雪

冬天下大雪后，为了不影响交通，需要及时把雪化掉。日本科学家试验成功了一种用细菌化雪的新方法，他们首先在道路下面埋设输水管道，然后在连接管道的"大锅炉"中储入稻糠、碎草等混

合物，再放入细菌，让它们发酵。细菌发酵后产生大量的热，可以使管道中的循环水温升高到69摄氏度，这样路面的积雪就融化了。在储存器内投一次料，得到的热量足够用上两个星期。

延 伸 阅 读

细菌的分类：按形状分为三类，即球菌、杆菌和螺形菌；按细菌的生活方式分为两大类，即自养菌和异养菌；按细菌对氧气的需求来分类，可分为需氧和厌氧细菌；按细菌生存温度分类，可分为喜冷、常温和喜高温三类。

海洋能源开发

水温差发电

海洋表面受太阳辐射温度高，深层海水不见天日温度低，这就形成了温差。利用这种温差可将海洋热能转换成电能，这种发电方式叫海水温差发电。据计算，用从南纬20度至北纬20度区间的海洋洋面产生的温差来发电，就能获得1200亿千瓦的电能，相当于目前全世界所生产电能总和的两倍。

海流发电

是依靠海流的冲击力来使水轮旋转，再通过变速装置带动发电机发电。海流中所蕴藏的动能是海洋能中蕴藏量最大的一种能源，几乎以常年不变的流量不停地运动，它是取之不尽、用之不竭的能源。目前的海流发电站通常浮在海面上，用钢索和锚加以固定。

盐度差能

在江河入海口，淡水与海水之间存在着鲜为人知的盐度差能。全世界可利用的盐度差能约26亿千瓦，由于在江河入海口处，含盐极少的江河水一直源源不断地流向大海，而海水本身含有较多的盐分，所以海水与江河水之间形成盐浓度差，只要将两个电极分别插进海水和江河水里，并将两个电极用导线连接起来，就会产生源源不断的电流。

海上核电站

海上核电站是利用核燃料在裂变过程中产生的热量将冷却的水加热，使其变成高压蒸汽，以推动汽轮发电机组发电。海上核

电站可根据不同地区以及环境的差异提供不同等级的电力支持，而核电站所用的反应堆性能可靠。这种反应堆每12年才需更换一次核燃料，使用寿命为50年，符合国际原子能机构核不扩散条约的要求。

延 伸 阅 读

海浪发电：奥克尼海浪发电试验场是世界上第一个专门为海浪发电研究和测试而建立的基地。在这里，技术人员可以对各种海浪发电机进行测试，并可将海浪发电机产生的电能通过电缆输到岸上，并入电网，最终出售给消费者。

海洋技术

深海探测

深海是指深度超过6000米的海域。海洋深处存在着大量的矿产资源、石油资源和深海生物，这些资源及生物有着巨大的科研和经济价值。因此，深海探测对于深海生态的研究和利用、深海石油资源和矿产资源的开采以及深海地质结构的研究，具有非常重要的意义。

海洋遥感技术

海洋遥感技术是以光、电和声波为信息载体的遥感监测技术，是海洋环境监测的重要手段。海洋遥感系统观测频率高，具有同步、大范围、实时获取资料的能力；能够全天时、全天候工作和穿云透雾的能力；具有一定的透视海水的能力。

海洋声学遥感技术

海洋声学遥感技术是采用水声学方法监测和研究海洋现象的

一项新兴科学技术，是探测海洋的一种十分有效的手段。利用声学遥感技术，可以探测海底地形，观测海洋动力现象，进行海底地层剖面探测，为潜水器提供导航、避碰、海底轮廓跟踪的信息。这些技术能解决许多传统的监测方法所不能解决的问题，对海洋科学和海洋开发具有重要意义。

海水淡化

海水淡化就是利用海水脱盐生产淡水，是实现水资源利用的开源增量技术。这一技术可以增加淡水总量，并且不受时空和气

候影响，水质好、价格渐趋合理，可以保障沿海居民饮用水和工业用水等稳定供水。现在所用的海水淡化方法有海水冻结法、电渗析法、蒸馏法、反渗透法等。其中反渗透法的应用最广泛。

延 伸 阅 读

最早的深海研究和开发：美国的"阿尔文"号深潜器曾在水下4000米处发现了海洋生物群落；"迪里雅斯特"号潜水器首次潜入世界大洋中最深的马里亚纳海沟，最大潜水深度为10916米。

奇异食品

合成食品

是利用遗传变异微生物或是固定化酶制造出来的食品。它们仍是大自然的产物，其营养成分、风味乃至纹理质地，几乎都可与天然食品相媲美。

昆虫食品

就是以昆虫作为食品。由于人类增长速度远远快于食物的生产速度，因此，能否在有限的土地上生产出更多的食用蛋白，便成了生物学家们孜孜探索的重大课题。昆虫生物量超过其他生物总量的10倍之多，虫体蛋白质含量高，氨基酸种类齐全，是一项潜力巨大的、可更新的自然资源。因而，利用昆虫生产新型的营养保健食品、药品，具有广泛的发展前景。

鲜花食品

鲜花的花粉是一种营养丰富、疗效显著的物质。花粉之所以被称为高级营养品，是因为它含有人体所需的22种氨基

酸、16种维生素、27种常量和微量元素，以及多种类脂、核酸、生长素、天然活性酶、抗菌素和激素等生物活性成分，是理想的绿色营养食品。欧洲称花粉为"完全营养食品"，日本称它为"健康美容之源"。

蔬菜食品

是近年来新出现的一种方便食品，它以低热量、富含维生素、矿质元素、粗纤维的新鲜蔬菜为主要原料，经预处理后，将其加工成糊状，加入适当的黏结剂，干燥轧制而成。这种食品便于贮藏和运输，而且营养非常丰富。

延 伸 阅 读

鲜花食品趣闻：我国在古代就已把鲜花作为佳品。最突出的就是清朝的慈禧太后，她有许多养颜的秘诀，其中鲜花美容就是常用的方法。她常以鲜花为食，并有独特的吃法。

人造地球卫星

科学卫星

用于科学探测和研究的人造地球卫星。它携带着各种仪器，穿行于大气层和外层空间，收集来自空间的各种信息，为人类进入太空、利用太空提供了十分宝贵的资料。科学卫星根据用途的不同，安装不同的分析和试验仪器，进行高层大气、地球辐射带、宇宙线、太阳辐射和极光等空间环境的科学探测和研究。

军用卫星

专门用于各种军事目的的人造地球卫星。按用途的不同分为侦察卫星、军用通信卫星、军用导航卫星、军用气象卫星、军用测地卫星、预警卫星、截击卫星、反卫星卫星和核爆炸探测卫星等。

军用卫星的主要发展趋势是将各类卫星组成一体化天基信息网，提高信息获取能力、传输能力和融合能力，增强生存能力、抗干扰能力和工作寿命。

技术试验卫星

是进行新技术试验或为应用卫星进行试验的卫星。航天技术中的新材料、新仪器能否使用，必须先在天上进行试验。一种新卫星的性能如何，也只有把它发射到天上去实际检验，成功后才能应用。这些都是技术试验卫星的使命。

通信卫星

用作无线电通信中继站的人造地球卫星。在卫星通信系统的空间部分，通信卫星转发无线电信号，实现卫星通信地球站之间或地球站与航天器之间的通信。通信卫星是世界上应用最早、应用最广的卫星之一。

我国的第一颗静止轨道通信卫星是1984年4月8日发射的，命名为"东方红2号"，至今已发射成功了5颗。这些卫星先后承担了广播、电视信号传输、远程通信等工作，为国民经济建设发挥了巨大作用。

气象卫星

是从太空对地球及其大气层进行气象观测的人造地球卫星。卫星所载的各种气象遥感器，可接收和测量地球及其大气层的可见光、红外和微波辐射，并将其转换成电信号传送给地面站。

地面站将卫星传来的电信号复原，绘制成各种云层、地表和海面图片，计算得出气象资料。

随着航天技术的进一步发展，气象遥感器将向多样化、高精度方向发展，它大大丰富了气象预报的内容，提高了预报精度。

海洋卫星

是主要用于海洋水色色素的探测，为海洋生物的资源开放利用、海洋污染监测与防治、海岸带资源开发、海洋科学研究等领域服务的一种人造地球卫星。

海洋卫星的任务是海洋环境预报，包括远洋船舶的最佳航线选择、海洋渔群分析、近海与沿岸海洋资源调查、沿岸与近海海洋环境监测和监视、灾害性海况预报和预警、海洋环境保护和执法管理，海洋科学研究以及海洋浮标、台站、船舶数据传输，海上军事活动等。

地球同步卫星

它相对于地球静止于赤道上空。从地面上看，卫星保持不动，故也称静止卫星；从地球之外看，卫星与地球共同转动，角速度与地球自转角速度相同，故称地球同步卫星。运转周期为24小时，地球同步卫星距赤道的高度约为36000千米，线速度的大小约为每秒3100米。

地球资源卫星

是勘探和研究地球自然资源与环境的人造地球卫星。卫星所载的多光谱遥感设备能获取地物目标辐射和反射的多种波段的电

磁波信息，并将其发回地面接收站。地面接收站根据各种资源的波谱特征，对接收的信息进行处理和判读，从而得到各类资源的特征、分布和状态的资料。

延 伸 阅 读

　　太空中的"人造物"：目前，太空中有5000吨"人造物"正绕着地球旋转，其中主要是人造卫星。地球上空约有860颗人造卫星正在工作。

宇宙飞船

单舱型宇宙飞船

从构型上讲，宇宙飞船先后发展了3代，即单舱型、双舱型和三舱型。单舱型最为简单，只有宇航员的座舱。美国第一个宇航员格伦就是乘单舱型的"水星"号飞船上天的。它也是目前世界上唯一使用过的单舱型飞船。

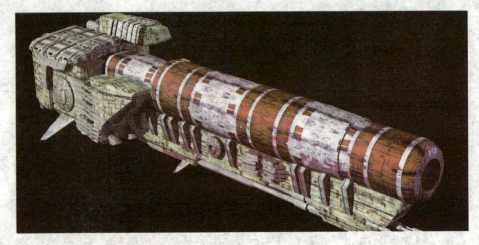

双舱型宇宙飞船

双舱型宇宙飞船由座舱和提供动力、电源、氧气、水的服务舱组成，它极大地改善了宇航员工作和生活环境，世界第一个男女宇航员乘坐的前苏联"东方号"飞船，世界第一个出舱宇航员乘坐的前苏联"上升号"飞船以及美国的"双子星座号"飞船均属于双舱型。

三舱型宇宙飞船

是在双舱型飞船基础上增加一个轨道舱，用于增加活动空间，进行科学实验等，或增加一个登月舱，用于在月面着陆或离

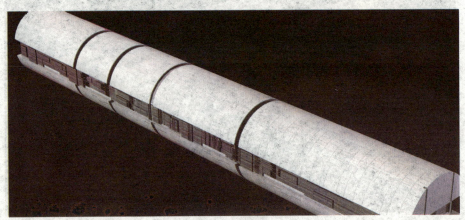

开月面的宇宙飞船。俄罗斯的"联盟"系列和美国"阿波罗号"飞船是典型的三舱型。"联盟"系列飞船至今还在使用。

"东方号"宇宙飞船

"东方号"宇宙飞船由乘员舱、设备舱及末级火箭组成，总重6.17吨，长7.35米。乘员舱呈球形，直径2.3米，重2.4吨，外侧覆盖有耐高温材料，能承受进入大气层时因摩擦产生的5000摄氏度左右的高温。

"东方号"宇宙飞船乘员舱只能载一人，有3个舱口，一个是宇航员出入舱口，另一个是与设备舱连接的舱口，再一个是返回时乘降落伞的舱口，宇航员可通过舷窗观察或拍摄舱外情景。宇航员的座椅装有弹射装置，在发生意外事故时可紧急弹出脱离危险。

"上升号"宇宙飞船

飞船重5.32吨，球形乘员舱直径与"东方号"飞船大体相同，改进之处是提高了舱体的密封性和可靠性。宇航员在座舱内可以

不穿宇航服,返回时不再采用弹射方式,而是随乘员舱一起软着陆。

"上升号"载3名宇航员，在太空飞行24小时17分钟；"上升2号"载两名宇航员，在太空飞行26小时2分钟。

"联盟号"宇宙飞船

"联盟号"宇宙飞船由轨道舱、指令舱和设备舱3个部分组成，总重量约6.5吨，全长约7米。宇航员在轨道舱中工作和生活。设备舱呈圆柱形，长2.3米，直径2.3米，重约2.6吨，装有遥测、通信、能源、温控等设备。指令舱呈钟形，底部直径3米,长约2.3米，重约2.8吨。

"联盟号"宇宙飞船在返回大气层之前，会自动将轨道舱和设备舱抛掉，然后由指令舱装载着宇航员返回地面。

从"联盟10号"飞船开始，前苏联的宇宙飞船转到与空间站对接载人飞行，把载人航天活动推向了更高的阶段。

"水星号"飞船

是美国的第一代载人飞船，总共进行了25次飞行试验，其中6次是载人飞行试验。

"水星号"飞船计划始于1958年10月，结束于1963年5月，历时4年8个月。

"水星号"飞船计划的主要目的是实现载人空间飞行的突破，把载一名航天员的飞船送入地球轨道，飞行几圈后安全返回地面，并考察失重环境对人体的影响和人在失重环境中的工作能力。重点是解决飞船的再入气动力学、热动力学和人为差错对以往从未遇到过的高加速度和零重力的影响等问题。

"双子星座号"飞船

是美国载人飞船系列。从1965年3月至1966年11月共进行了10次载人飞行。该系列飞船的主要目的是在轨道上进行机动飞行、交会、对接和航天员试做舱外活动等。飞船重3.2吨至3.8吨，最大直径3米，由座舱和设备舱两个舱段组成。

飞船座舱分为密封和非密封两部分，前端还有交会用的雷达和对接装置，座舱底部覆盖再入防热材料。设备舱分上舱和下舱，内壁还有许多流动冷却液的管子，因此，设备舱又是个空间热辐射器。

"阿波罗号"飞船

美国实施载人登月过程中使用的飞船。"阿波罗11号"飞船于1969年7月20至21日首次实现人类登上月球的理想。飞船由指挥舱、服务舱和登月舱3个部分组成。其中指挥舱是全飞船的控制

中心，也是航天员飞行中生活和工作的座舱。服务舱采用轻金属蜂窝结构，周围分为6个隔舱，容纳主发动机、推进剂贮箱和增压、姿态控制、电气等系统。服务舱前端与指挥舱对接，后端有推进系统主发动机喷管。登月舱由下降级和上升级组成。

自动运载飞船

是向空间站运输实验性设备、食物、空气和水的货运飞船，由欧洲空间局建造。它载着货物从圭亚那开云发射场起飞，前往距离地球400千米的轨道，然后在导航系统引导下，到达国际空间站后将自动与俄罗斯服务舱对接。作为驻地的舱组，自动运载飞船在国际空间站停靠6个月，并在回程中利用地球的大气燃烧6.4吨国际太空站废物。

"约翰内斯·开普勒号"飞船

是欧洲航天局发射的第二艘货运飞船。它以德国宇航员约翰内斯·开普勒的名字命名，全长约10米，最大直径4.5米，体积与英国伦敦双层公共汽车差不多，于2011年2月15日从库鲁航天中心发射。

"儒勒·凡尔纳号"飞船

是欧洲首艘自动货运飞船，以法国著名科幻作家儒勒·凡尔纳的名字命名。飞船呈圆筒状，重约20吨，全长约10.3米，最大直径约4.5米，与双层公共汽车大小相当。飞船配有高精度导航系统、对接传感器和通信设备。

"儒勒·凡尔纳号"货运飞船除了为国际空间站运送约8吨的水、燃料和科学仪器等货物外，还将用于提升国际空间站轨道，以及装载空间站的垃圾。飞船预计将在6个月后脱离空间站，并在可控情况下在太平洋上空的大气层中销毁。

延 伸 阅 读

未来自动运载飞船：第三艘自动货运飞船已经命名为爱德华多·阿玛尔迪。阿玛尔迪是第二次世界大战后意大利物理学领军人物和航天领域的先驱。第四艘自动货运飞船已经命名为阿尔伯特·爱因斯坦。

空间飞行器

空间探测器

又称深空探测器，按探测目标分为月球探测器、行星探测器和行星际探测器，分别用于探测金星、火星、水星、木星、土星和行星际空间。美国1972年3月发射的"先驱者10号"探测器，在1986年10月越过冥王星的平均轨道，成为第一个飞出太阳系的航天器。

月球探测器

是对地球的天然卫星——月球进行探测的无人航天器。

月球探测器采用飞越月球、在月球上软着陆、环绕月球、对

月球土壤进行取样分析或对月球土壤取样返回地球等多种方式探测月球。

行星探测器

人类长期借助于天文望远镜观测行星圆面的细节，发现了土星环、木星卫星和天王星；运用万有引力定律陆续发现了海王星和冥王星；借助于近代照相术、分光术和光度测量技术对行星表面的物理特性和化学组成有了一定的认识。

然而，人们在地面隔着大气观测行星，已经不能满足对行星的深入研究了。行星和行星际探测器为行星研究打开了新的局面。从20世纪50年代末起，美国、前苏联即开始陆续发射行星探测器。

载人航天器

是在绕地球轨道或外层空间按受控飞行路线运行的载人飞行器。按飞行和工作方式分为载人飞船、空间站和航天飞机。

载人飞船是一种承载航天员较少，能在太空短期运行，并可

以使航天员返回舱沿弹道式或升力弹道式路径返回地面，垂直着陆的一次性使用无翼航天器。空间站是一种体积大，具备一定试验或生产能力，并可以供多名航天员巡访、长期工作和生活的航天器；航天飞机是一种兼有飞船与运载双重功能的载人航天器。这3种载人航天器的用途各有侧重，相互补充，供人类在太空生存。

"天宫1号"飞行器

是我国第一个目标飞行器，于2011年9月29日21时16分3秒在酒泉卫星发射中心发射，飞行器全长10.4米，最大直径3.35米，由实验舱和资源舱构成。

"天宫1号"的发射标志着我国迈入中国航天"三步走"战略的第二步第二阶段。按照计划，"神舟8号"、"神舟9号"、"神舟10号"飞船将在两年内依次与"天宫1号"完成无人或有人交会对接任务，并建立我国首个空间实验室。

"神舟8号"飞船

是我国"神舟"系列飞船的第八个无人飞行器。为三舱结构，由轨道舱、返回舱和推进舱组成。"神舟8号"于2011年11月1日5时58分10秒由改进型"长征2号"F遥八火箭顺利发射升空。升空后，"神舟8号"将与此前发射的"天宫1号"实现交会对接，并和此后的"神舟9号"、"神舟10号"一起组成我国首

个空间实验室。"神舟8号"的研制成功，标志着我国已经初步掌握空间交会对接能力，拥有建设简易空间实验室，即短期无人照料的空间站的能力。

"神舟9号"飞船

"神舟9号"飞船是我国的一艘无人驾驶航天器于2012年6月16日18时37分在酒泉卫星发射中心发射升空，当月18日14时左右与"天宫"1号实施自动交会对接。成为一座小型空间站。

"神舟10号"飞船

"神舟10号"飞船是我国的第十艘太空飞船，它是一艘载人飞船，于2013年6月11日17时38分由"长征2号"F改进型运载火箭成功发射，于当月13日13时18分与"天宫1号"成功对接。这表明我国已经基本掌握了空间飞行器交会对接技术，将对后续的"天宫2号"即第二代空间实验室的建设打下坚实的基础。

延 伸 阅 读

我国空间站：2011年发射"天宫"1号目标飞行器，计划将分别与"神舟"8号、"神舟9号"、"神舟10号"飞船对接，从而建立了我国第一个空间实验室。

运载火箭

运载火箭是由多级火箭组成的航天运输工具，其组成部分有箭体、动力装置系统和控制系统。除这三大主系统外。箭上还装有遥测系统、外测系统和安全控制系统等。

箭体

是运载火箭的基体，它用来维持火箭的外形，承受火箭在地面运输、发射操作和在飞行中作用在火箭上的各种载荷；安装连接火箭各系统的所有仪器和设备，把箭上的所有系统、组件连接组合成一个整体。

动力装置系统

是推动运载火箭飞行并获得一定速度的装置。对液体火箭来说，动力装置系统由推进剂输送、增压系统和液体火箭发动机两大部分组成。固体火箭的动力装置系统较简单，主要部分就是火箭发动机推进剂，直接装在发动机的燃烧室壳体内。

控制系统

是用来控制运载火箭沿预定轨道正常可靠飞行的部分。控制系统由制导和导航系统、姿态控制系统、电源供配电和时序控制系统三大部分组成。制导和导航系统的功用是控制运载火箭按预定的轨道运动，把有效载荷送到预定的空间位置，并使之准确进入轨道。姿态控制系统的功用是纠正运载火箭飞行中的俯仰、偏航、滚动误差，使之保持正确的飞行姿态。电源供配电和时序控制系统则按预定飞行时序实施供配电控制。

遥测系统

是把运载火箭在飞行中各系统的工作参数及环境参数测量下来，通过运载火箭上的无线电发射机将这些参数送回地面，由地面接收机接收。也可将测量所得的参数记录在运载火箭上的磁记录器上，在地面回收磁记录器。这些测量参数既可用来预报航天器入轨时的轨道参数，又可用来鉴定和改进运载火箭的性能。一旦运载火箭在飞行中出现故障，这些参数就是故障分析的依据。

安全系统

安全系统的功用是当运载火箭

在飞行中一旦出现故障不能继续飞行时，将其在空中炸毁，避免运载火箭坠落时给地面造成灾难性的危害。安全系统包括运载火箭上的自毁系统和地面的无线电安全系统两部分。

其自毁系统由测量装置、计算机和爆炸装置组成。当运载火箭的飞行姿态、飞行速度超出允许的范围时，计算机会立即发出引爆爆炸装置的指令，使运载火箭在空中自毁。无线电安全系统则是由地面雷达对运载火箭的飞行轨道进行测量，当运载火箭的飞行超出预先规定的安全范围时，由地面发出引爆箭上爆炸装置的指令，箭上的接收机接收后将火箭在空中炸毁。

运载火箭瞄准系统

运载火箭瞄准系统，就是给运载火箭在发射前进行初始方位的定向的装置。

瞄准系统由地面瞄准设备和运载火箭上的瞄准设备共同组成。运载火箭讲究精准运行，瞄准系统可以保证没有任何燃料浪费，使得运载火箭在最低燃料消耗下，准确进入预定运行轨道，从而保证发射任务的圆满成功。

外弹道测量系统

外弹道测量系统的功用是利用地面的光学和无线电设备与装在运载火箭上的对应装置一起，对飞行中的运载火箭进行跟踪，并测量其飞行参数，用来预报航天器入轨时的轨道参数。也可用

来作为鉴定制导系统的精度和故障的分析依据。

"长征1号"运载火箭

"长征1号"是为发射我国第一颗人造地球卫星"东方红1号"而研制的三级运载火箭。

"长征1号"是在两级中远程导弹上再加一个第三级固体火箭所组成。火箭全长29.86米，起飞总重81.57吨。1970年4月24日，"长征1号"火箭首次发射，将我国第一颗人造地球卫星"东方红1号"顺利送入轨道，发射获得圆满成功。

1971年3月3日，"长征1号"火箭第二次发射，把"实践1号"科学试验卫星准确送入轨道，又一次取得圆满成功。

延 伸 阅 读

运载火箭的发展：是第二次世界大战后在导弹的基础上开始发展的。第一颗成功发射卫星的运载火箭是前苏联用洲际导弹改装的"卫星号"运载火箭。

航天服

保暖层

在环境温度变化范围不大的情况下，保暖层用以保持舒适的温度环境，多采用保暖性好、热阻大、柔软、重量轻的材料，如合成纤维絮片、羊毛和丝绵等。保暖层起到保障不受环境过热、过冷侵袭，又可防止服装内部热量散失的作用。

通风服和水冷服

在宇航员体热过高的情况下，通风服和水冷服以不同的方式散发热量。若人体产热量超过350大卡/小时（如在舱外活动），通风服便不能满足散热要求，这时即由水冷服降温。通风服和水冷服多采用抗压、耐用、柔软的塑料制成，如聚氯乙烯管或尼龙膜等。

内衣舒适层

航天服能构成适合宇航员生活的人体小气候，它在结构上分为6层，内衣舒适层是最里面的一层。宇航员在长期飞行过程中不能洗换衣服，大量的皮脂、汗液等会污染内衣，故通常选用质地柔软、吸湿性和透气性良好的棉针织品制作。

气密限制层

在真空环境中，只有保持宇航员身体周围有一定压力才能保证宇航员的生命安全。因此，气密层采用气密性好的涂氯丁尼龙胶布等材料制成。限制层选用强度高、伸长率低的织物，一般用涤纶织物制成。由于加压后活动困难，各关节部位采用各种结构形式，如网状织物形式、波纹管式、橘瓣式等，配合气密轴承转动结构以改善其活动性。

隔热层

宇航员在舱外活动时，隔热层起过热或过冷保护作用。它用

多层镀铝的聚酰亚胺薄膜或聚酯薄膜，并在各层之间夹以无纺织布制成。

外罩防护层

是宇航服最外的一层，又叫外套，该层要求防磨损力强、耐高温，除能防护内部各层不受损坏外，还要注意到颜色，一般用白色或金黄色为好。外罩防护层要求防火、防热辐射和防宇宙空间微流星、宇宙线等各种因素，如微流星、宇宙线等对人体的危害。它就像一层高强度的"防弹衣"，既要抵御像枪弹一样飞来的微小陨石的袭击，又要能吸收宇宙射线的能量。

这一层大部分用镀铝织物制成，一般由5至7层涂铝的聚脂薄膜构成，各层膜之间用网状物隔开，贴在一起形成屏蔽。

与宇航服配套的还有头盔、手套、靴子等。

头盔

由头盔壳、面窗结构和颈圈等组件构成。目前在载人航天中使用的头盔有软式与硬式两种，其中硬式头盔又分为固定式和转动式两种，软式头盔大多数作为舱内航天服的组件。转动式头盔在其颈圈上有气密活动轴承，但密封环节增多会降低气密性与结构的可靠性。

经过我国科学家的科研攻关，"神舟7号"飞天航天服的头盔视野比其他同类产品要大，装有摄像头，可拍摄航天员出舱操作。同时，两侧各有一盏照明灯，方便航天员在阴暗面操作。两侧有报警指示灯，同时还有语言报警装置。

颈圈

是连接服装与头盔的关键部件，分上下两圈，在穿戴服装与头盔时，先将上下圈连接上，再连接头盔与服装。它要求穿脱方便，具有良好的气密性和加接强度。在紧急情况下，要有使穿戴者本人能快速断、接、锁紧操作的机构，便于及时与头盔或服装断开或连接。

舱内航天服

舱内航天服用于飞船座舱发生泄漏，压力突然降低时，航天

员及时穿上它，接通舱内与之配套的供氧系统，服装内就会立即充压供氧，并能提供一定的温度保障和通信功能，保证航天员在飞船发生故障时能够安全返回。舱内航天服的结构形状，采用头与躯干肢体服装连为一体的"软式"类型结构和开放式通风供氧方式，由

压力服装、头盔与手套、应急供氧和通风管路等组成。

舱外航天服

除有舱内航天服的各层外，还有3层，分别是真空隔热层，用于保护航天员在舱外作业时不受舱外环境过热或过冷的侵袭，又可防止服装内部的热量散失；液冷服，它是将舱内航天服的通风散热层管内的气体改为液体而成；最外层要有防高热、防磨损、保护内部各层、防太阳辐射等功能，并有连接其他装具的接口。

延 伸 阅 读

世界上第一个使用航天服装备的人：是美国冒险家威利·波斯特。20世纪初，他身穿高空飞行压力服，驾驶一架单座机横越北美大陆。他的首件航天服是用发动机的供压装置送出的空气压吹起来的气囊。